少年读中国科技

纵横三极的
中国科考

中国力量编辑部◎编

北京科学技术出版社
100层童书馆

图书在版编目（CIP）数据

纵横三极的中国科考 / 中国力量编辑部编． —— 北京：
北京科学技术出版社，2024． —— ISBN 978-7-5714-4160
-9

Ⅰ．N82-49

中国国家版本馆 CIP 数据核字第 202484KA17 号

策划编辑：	刘婧文　李尧涵
责任编辑：	刘婧文
封面设计：	沈学成
图文制作：	天露霖文化
责任印刷：	李　茗
出 版 人：	曾庆宇
出版发行：	北京科学技术出版社
社　　址：	北京西直门南大街 16 号
邮政编码：	100035
电　　话：	0086-10-66135495（总编室）
	0086-10-66113227（发行部）
网　　址：	www.bkydw.cn
印　　刷：	雅迪云印（天津）科技有限公司
开　　本：	889 mm × 1194 mm　1/32
字　　数：	32 千字
印　　张：	2.5
版　　次：	2024 年 11 月第 1 版
印　　次：	2024 年 11 月第 1 次印刷

ISBN 978-7-5714-4160-9

定　　价：32.00 元

"雪龙"号，出征！

1

这天清早，晨光熹微，海岸边停靠着一艘超级豪华科考船，它是我国首艘极地科考船 ——"雪龙"号。

猜猜我们此行是要去哪里？

没错，我们出行的目的地就是地球的白色秘境——**南极**！

这是我第三次踏上"雪龙"号了。这次，我会带上我们南极测绘研究中心的两位学生林子航和毛超，一起前往南极科考。我们的目的地是我国南极科考站 —— 中山站。

船长一声令下，威风凛凛的"雪龙"号出发了。欢快而又嘹亮的汽笛声响起，我们和岸边的家人们挥手告别。下次再见面可要等到 500 多天以后了！

"雪龙"号是我国专门从事南北极科学考察的船只之一，曾先后完成多次科考任务。"雪龙"号负责运送我国科考队员与考察物资，同时又为我国的大洋调查提供了科考平台。

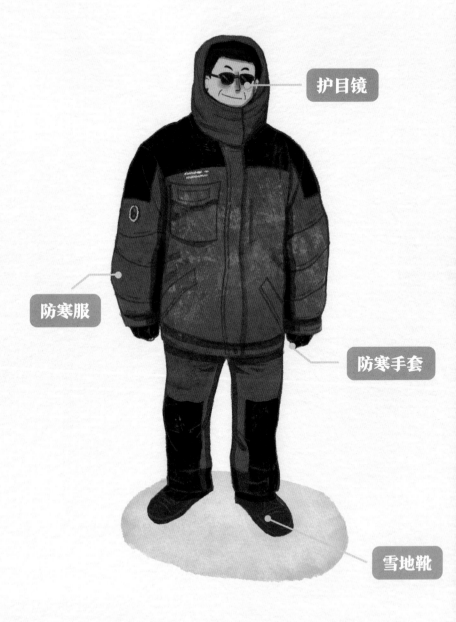

护目镜

防寒服

防寒手套

雪地靴

驶出长江口，"雪龙"号来到东海。虽然现在是北半球的冬天，但我们会一直南下，依次穿过赤道、南回归线和南极圈。到达南极时，正好可以赶上南半球的夏天。

我们每个人都领到了极地专用服装包，它足以让我们在极寒的环境中将自己全副武装起来。极地专用服装包里面有厚实的防寒服、保暖的雪地靴、防寒手套、能抵挡强光的护目镜等装备。南极地区冬季平均气温能达到 −50° C，所以防寒的装备一样都不能少。为什么在寒冷的南极需要戴能抵挡强光的护目镜呢？那是因为冰雪会反射太阳的光和热，护目镜能有效阻挡部分光线，降低患雪盲症的风险。

船上的物资也很丰富，包括食物、药品、燃料等。这些物资不仅供航行需要，还要运往南极科考站。你一定想不到，我们这次带了上万斤的新鲜果蔬，以补充科考队员身体需要的维生素与膳食纤维。我们甚至还带上了乒乓球、篮球来丰富业余生活。

经历了 16 天的航程，"雪龙"号停靠在了**澳大利亚霍巴特港**。这是这次海上旅途唯一一座补给站，大约位于南纬 43°，素有"南极门户"之称。

　　这里自 19 世纪以来就是南极探险的前沿阵地，不仅保存着很多关于南极探险的历史记忆，更流传着很多传奇的故事。一来到这里，我们便感到处处弥漫着南极的气息。

　　许多国家的极地科考船都会选择在这里停靠，补充物资，为奔赴南极做最后的准备。"雪龙"号也在这里补充了淡水、食品、燃油和其他物资。南极就在不远的前方了！

我们再度启航，准备挑战进入南极圈的第一道难关——"魔鬼西风带"。

　　魔鬼西风带中，海浪高达6米，风力达到10级，船体颠簸已达37°。我们连续碰上了三个大气旋，即便是我这种科考老兵，在这种时候都晕船晕得厉害。毛超，"雪龙"号上最年轻的科考队员，曾是校运动会1000米跑冠军，却也因为行船颠簸而呕吐不止。整个晚上，一波又一波的大浪卷到3楼窗户上。听着海浪拍打窗户的声音，大家都难以入睡。

　　重达 1 万多吨的"雪龙"号在西风带中犹如**沧海一叶**，时而冲上浪尖，时而跌入浪底，稍有不慎就会沉入海底。

知识锦囊

西风带

西风带位于南纬或者北纬 35°～ 65°。从副热带高压流向副极地低压的气流在地球自转偏向力的作用下偏转成西风，因此称为"西风带"。西风带常年风大浪高、气旋不断，十分凶险。由于南半球海洋居多，几乎没有大陆，西风受到的摩擦力小，畅行无阻，故风速较大，所以西风带的大风在南半球更有威力。

终于，我们挺过了"魔鬼西风带"。这时，我们突然听到甲板上有人大喊"冰山"。

终于，"雪龙"号即将驶入海冰区，进入真正的南极圈了！南纬 66°33′，这里就是南极圈，是**世界尽头的分界线**。

进入南极圈后，也就意味着进入了极昼极夜交替出现的区域。11月底正处于南极圈内的极昼期，仅靠太阳位置难以区分白天与夜晚。不过，不用担心睡不着，船上的窗帘丝毫不透光，拉上窗帘就是黑夜。

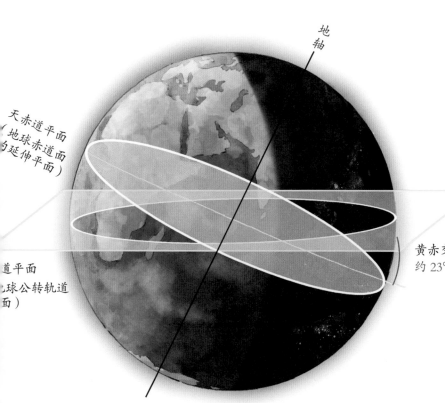

地轴

天赤道平面
（地球赤道面
的延伸平面）

道平面
球公转轨道
面）

黄赤交角
约 23°26′

知识锦囊

南极圈内存在一种独特的自然现象——**极昼和极夜**。
天赤道平面（地球赤道面的延伸平面）与黄道平面（地
球公转轨道平面）存在一个夹角，叫作黄赤交角。它的
存在导致每年在特定时间里，地球的南极圈和北极圈内
会出现全天都是白天或者黑夜的现象。极昼来临时，太
阳落在最低点时仍在地平线之上，即"日不落现象"。
极夜来临时，太阳上升到最高点时仍在地平线之下，即
使在正午时分，也仅有一丝微弱的光芒从地平线以下映
照上来。

13

进入海冰区之后，"雪龙"号终于发挥了自己厉害的本领——**破冰**。

海冰又称浮冰，因海水凝结成冰后漂浮在海面上而得名。最厚的浮冰可达五米，如果不及时避开，船可能会被卡住。经过浮冰时，我们可以明显感受到船体在震动，听见船底发出嘎吱嘎吱的破冰声。"雪龙"号用它坚硬的船首钢板一次次向冰面发起冲击。撞击，后退，再撞击！终于，船首面前坚硬的冰面破裂溃散。回头看，一条清晰的航道在船尾慢慢浮现。

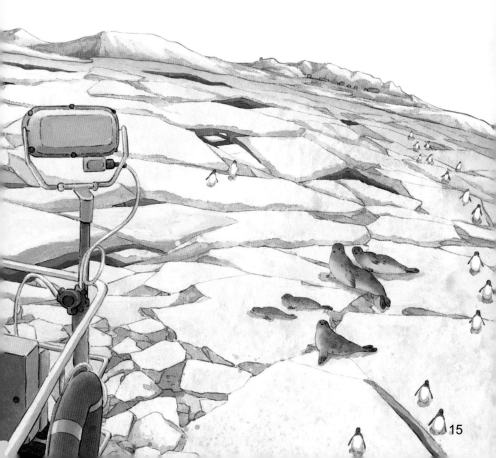

十年前第一次乘坐"雪龙"号的时候，我就遭遇过一次**惊心动魄**的险情。当时海域冰情突变，三四米厚的浮冰在东风、东南风的裹挟下将"雪龙"号围困，海雾重重，能见度很低。直到盼来西风，边缘浮冰才有了松动的迹象。13个小时后，"雪龙"号终于在各方帮助下脱困。

　　比海冰更可怕的是冰山。有个成语叫"**冰山一角**"，说的是暴露出来的事物只占全貌的一小部分，就像冰山，裸露在水面之上的部分只占十分之一，暗藏在水面之下的部分具有深不可测的"实力"。我们最怕的就是把庞大身躯隐藏在海面下的冰山，被这样的冰山剐蹭，"雪龙"号可吃不消。还好这次没有让我们碰上！

　　这时，头顶传来了直升机的阵阵轰鸣，原来是中山站的**海豚直升机**！直升机载着海冰专家，在"雪龙"号上空寻找海冰较薄的地方，引导"雪龙"号破冰前行。

　　天气预报显示，未来几天很适合海冰卸货。海冰卸货指的是将船上的物资卸到冰面上，再由直升机或能在冰上行驶的雪地车运输。海冰卸货一般在夏季进行，因为这个时候南极气温相对温暖，海冰较为稳定，有利于顺利进行卸货工作。

　　为了充分利用宝贵的南极夏季窗口期，科考队的领队当机立断，决定开始海冰卸货，通过直升机吊运和雪地车拖行的方式将船上的物资运抵科考站。

　　海冰卸货是南极科考工作中重要而又危险的一项。因为被雪掩盖的海冰有许多冰裂隙，雪地车载着沉重的物资行驶在冰面上，随时可能掉进冰裂隙，沉入大海。

海冰卸货开始了！只见负责运输的重型直升机吊起5吨重的集装箱，像一只勤劳的小蜜蜂，不停地往返于"雪龙"号和中山站之间。记得十年前，我们还没有自己的机场，用的是俄罗斯进步站的冰雪机场，航空任务的开展也受到限制。现在，我们中山站也有了自己的冰雪机场，进入机场自主时代。想到这里，我不禁感慨万千。

　　一辆 22 吨重的雪地牵引车缓缓行驶在冰面上，所到之处都被压出了近 10 厘米深的车辙印。突然，冰面上隐隐有裂缝裂开了，海冰下面可是 3000 米深的海水！负责运输的机械师正准备跳车，推车门时却发现车门已经被海水压住了。他赶忙改从车顶的车窗钻了出来。我和毛超迅速把他拽了上来，所有人都捏了一把汗。

　　不得不说，在这样的极地环境工作，怎么小心也不为过！

　　经过六天的奋战，科考队卸货的物资重达1120吨，为中山站度夏及越冬考察提供了坚实的保障！

　　卸货结束了，我也登上了海豚直升机，飞往中山站。

　　机舱舷窗外是一望无际的海冰，以及散落于冰面上的一座座巨大的冰山。我极目远眺，视野里逐渐出现了一些形状各异的建筑——**中山站**就在我的眼前了！

　　经历了魔鬼西风带、暗藏危险的海冰区和惊心动魄的冰海沉车，"雪龙"号全体科考队员终于带着全部物资胜利抵达了中山站。

世界尽头的「冷酷仙境」

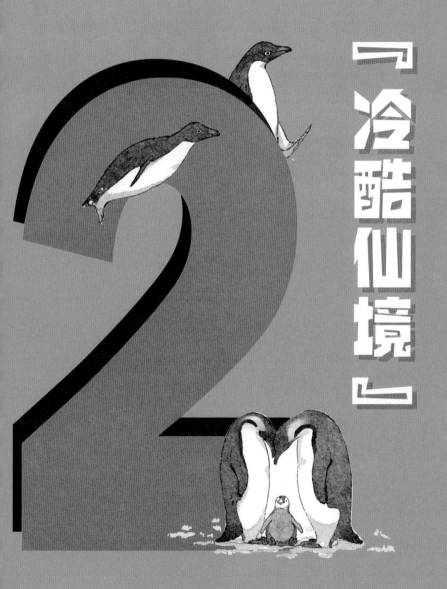

这是我第三次来中山站了。在这片一望无际的"白色荒漠"中，中山站静静地伫立着，仿佛在等待我们的到来。算上这次，我在南极的科考时长就要突破**1000**天了！相比20年前我第一次来这里时看到的临时舱房和落后设备，现在的中山站早已化身为一座现代化的科技小镇。

目前，我国在南极共有**五座**科考站。

长城站：
常年站，建成于 1985 年，是我国在南极建立的第一座科考站，位于南极洲菲尔德斯半岛（在南极洲的乔治王岛西部）。

中山站：
常年站，建成于 1989 年，位于东南极大陆维斯托登半岛。地处南极圈内，是进行南极海洋和大陆科学考察的理想区域。

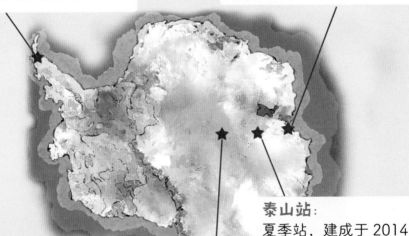

泰山站：
夏季站，建成于 2014 年，位于中山站与昆仑站之间的伊丽莎白公主地。

罗斯海新站：
将成为我国第五座南极科考站，也是第三座常年站，是首座面向太平洋扇区的科考站。

昆仑站：
夏季站，建成于 2009 年，是我国第一座南极内陆科考站，位于内陆冰盖最高点冰穹 A 地区。

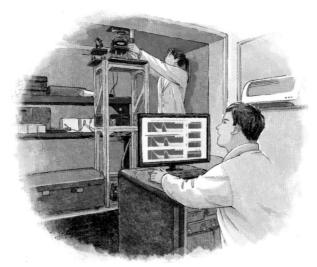

　　身处科考站，我经常会忘记自己是在南极——这里有不间断供应的暖气和热水、先进的仪器、标准化的办公环境、便捷的通讯，几乎和国内的工作环境一模一样。

　　除了舒适的工作和生活条件，中山站还拥有各种先进的科学实验室。高空大气物理观测站、气象观测场、固体潮观测室、地震地磁绝对值观测室均配有相应的科学设备与仪器，这在十年前可是不敢想象的。

当然，我们在这里的生活并不只有科考。平日里，我们还会组织篮球赛、羽毛球赛、台球赛、联欢会等各种各样的活动！

我们这次来南极的主要工作之一是负责北斗卫星导航系统南极地面观测站的运行与维护。北斗卫星导航系统由我国自主研发建设，可以进行高精度的定位、导航和授时。在南极大陆接收北斗卫星信号的卫星观测站是一座红色小房子，虽然不起眼，但它能大大提高我们在南半球地区对北斗卫星的监测精度，从而提高北斗卫星的定位和导航精度。同时，北斗卫星对于南极科考也有很大的帮助，它可以对南极大陆进行高精度观测，包括冰雪表面的变化、地质板块的运动迁移等。

工作中，我们还有很多可靠的科研帮手，比如经过改装的"雪鹰601"飞机。它不只是个运输工具，也是一座空中实验室。该机搭载了冰雷达、航空重力仪、航空磁力仪、激光测高仪等设备，是集快速运输、应急救援和航空科研功能为一体的极地科考固定翼飞机。

南极的夏天相对较短，通常从当年11月持续到次年3月，这段时间基本是极昼，太阳很难落到地平线以下，所以我们能用于野外科考的时间就大大增加了。我们抓紧机会开展工作，毕竟进入极夜后，很多户外工作就无法进行了。

这天天气不错，能见度较高，我和队友一起乘坐"雪鹰601"飞机在南极上空飞行，对航线覆盖区域内的南极冰盖进行深入探测和研究。按照毛超的话，就是**给冰盖做个"CT检查"**。

坐在飞机上，脚下的冰山一览无遗，既有四周陡峭顶部平坦的平板状冰山，也有体积稍小形态各异的非平板状冰山。自然光线的变化给冰山蒙上了一层神秘的面纱。

在人们印象里，冰山通常是白色的，在阳光的照射下闪着寒光。其实，**冰山能呈现各种颜色**，比如黑色、蓝色、黄色、红色等。这是由冰山内部的微小气泡、藻类微生物和海洋沉积物等造成的。

南极冰山的个头往往非常大，有的冰山露出海面的部分高达 100 米。目前，世界上最大的冰山是代号"A23a"的冰山，面积约 4000 平方千米，相当于 120 多个澳门的面积。

　　南极冰盖对气候环境的变化非常敏感，堪称气候变化的风向标，通过探测冰盖可以研究气候变化、地球内部结构和生物多样性等问题。20年来，南北极冰盖与青藏高原冰川不断融化，使全球海平面上升了约21毫米，约占同期全球海平面上升总量的三分之一，南北极的海冰厚度均呈现下降趋势。

　　南极冰盖平均厚2000多米，科学家曾经测算过，如果南极冰雪全部融化，会导致海平面上升约60米，全球沿海大城市几乎都会沉入海里。同时，很多生物也会遭遇严重的危机，比如，企鹅将失去赖以生存的栖息地。长期封存在冰川内部的远古"致命病毒"也会随着冰川融化流入海洋，威胁人类的生存。

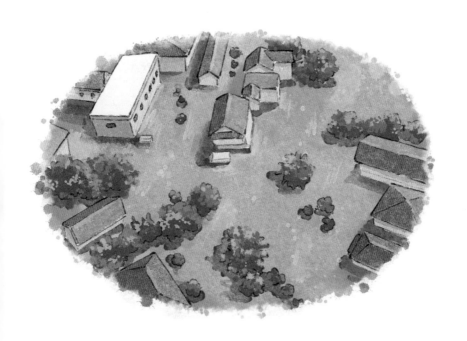

　　极昼期就快结束了，我们趁着天气不错，前往冰穹 A 地区的**夏季站——昆仑站**。这里是**南极内陆冰盖的最高点**，海拔 4000 多米，冰厚3000 多米，是国际公认的**最理想的深冰芯钻取地点**。在此处钻探也是世界上技术难度最大的冰芯钻探科学工程。

　　冰芯，顾名思义，就是冰川内部的芯。它记录了古气候环境信息。通过冰芯钻探，科学家可以探究全球气候的演变过程，推断未来气候的变化趋势。我们将这些钻取出来的深冰芯接续起来，就能研究以百万年为时间尺度的全球气候变化，**为科学家揭开地球古气候之谜提供一把"金钥匙"。**

这次，我们将挑战钻取 800 米深度的冰芯。冰芯房的温度比昆仑站室外还要低 10℃左右。在高海拔 −50℃ 的极寒环境中，即便穿着防寒服和手套，我们也会被冻得手脚麻木，徒手拧螺丝都会感觉铁在发烫。除了严寒，在这里工作还要忍耐钻井液刺鼻的气味。戴上防毒面具，在本就缺氧的环境里呼吸更困难了！只见子航熟练地用钻具向下钻进 3 米左右，果断提钻，一根 3 米长的深冰芯就出现在大家眼前！我们将处理好的冰芯低温保存，到了 4 月，它就能跟随"雪龙"号被运回国内啦。

除了日常的科考任务，我们仨在漫长的日照时段中，培养了给极地动物摄影的爱好。中山站位于东南极大陆边缘，面朝南大洋，周围活跃着很多野生动物，我们每天都能遇上许多可爱的企鹅。

我们能见到的主要是身材小巧、活泼好动的阿德利企鹅，它们喜欢三五成群地四处晃悠。每次我们摆弄单反相机、准备给它们拍照时，它们都毫不怯场，甚至主动过来打招呼。

　　我们偶尔也会遇见身形高大的帝企鹅，它们一般都高过 1 米。有一次，我还碰上一个高过我下巴的。从背后看过去，那只帝企鹅就好像穿着燕尾服的绅士。

　　除了企鹅，我们还会时不时遇到躺在海冰上晒太阳的海豹，以及掠过头顶的巨海燕。运气够好的话，还能拍到鲸鱼。

　　但是，我们只能远远地观察它们，并不能随意碰触，影响它们的生活。这也是《**南极条约**》中的规定。

《**南极条约**》是为保障和促进南极和平利用、科学考察自由和国际合作的国际条约，于 1959 年 12 月 1 日签订。其中规定，人类在南极活动的过程中，不允许主动接触包括企鹅在内的野生动物。

南极考察分为度夏考察和越冬考察。我们越冬队员在度夏队撤离后，还要继续坚守，驻扎的时间长达 14 ～ 17 个月。在南极越冬期间，长达两个月的极夜给我们带来了极大的挑战，尤其是各国度夏队队员撤离后，南极一下子安静下来，我们很容易陷入黑暗和孤独之中。

在漫长的极夜里，除了日常科考工作，我们最大的乐趣当属观察绝美的星空和极光了。南极没有城市光污染，夜空非常纯净，这让原本微弱的极光和星光显得非常明亮。当太阳粒子高速撞击地球磁场时，壮丽的极光就会点亮漆黑的夜空。中山站恰好位于极光最活跃的地区，五彩缤纷的极光仿佛是大自然对越冬队员的馈赠。

　　有一次，我带着单反相机外出拍摄，在黑夜中迷失了方向，几个小时都没有找到回去的路。极夜的寒风吹得我整个人都快崩溃了，最后，我终于听到了子航和毛超喊我的声音，这才走回了宿舍。

　　如果说极昼的时候大家是不想睡，那么极夜的时候就是想睡也睡不着。每次集体失眠的时候，子航和毛超都会缠着我给他们讲北极的故事。

回忆北极往事

3

论科考难度，少了"魔鬼西风带"的超级挑战，北极比起南极可就容易多了。

　　那次，我作为夏季科考队员之一，乘飞机抵达新奥尔松。这儿是地球上最北端的常年有人居住的小镇，码头可见科考船、补给船停靠的身影。度夏期间，有不少游客到来，还有许多鸟类在苔原上觅食嬉戏。岛上建有好多国家的科考站，房屋颜色各不相同。我国的黄河站使用鲜艳的红色，门前还有两只威武的石狮子。我们接过了越冬科考队员的"交接棒"，开启了新一轮的任务。

目前，我国在北极有两座科考站。

黄河站：建成于 2004 年，是我国在北极建立的第一座科考站，位于挪威斯匹次卑尔根群岛的新奥尔松。

中－冰站：建成于 2018 年，由中国与冰岛共同建立，也是我国在北极建立的第二座科考站，位于冰岛北部的凯尔赫。它位于北极圈的边缘地带，所以这里的极昼极夜现象并不明显。

　　北极的冬季寒冷而漫长，夏季短暂而凉爽。有的地区，夏季最高温度甚至可达30℃以上。在夏季的漫长日照下，北极的季节性积雪融化，地面充分裸露。这个时候，我们能获得北极真实的地表实况。

　　我们使用卫星遥感、无人机和传感器等技术，遥感绘制冰川的三维地形图，监测冰雪覆盖情况，以及冰川、浮冰的动态变化。这些信息对于研究全球气候变化有着重要意义。

　　其他科考队员也在忙着完成自己的任务：有
的人在放飞探空气球，进行气象观测，记录北极
地区的气温、风速等气象要素；有的人在冰上融
池旁观测；还有的人在进行水下机器人试验。在
冰山考察或野外采样时，我们便穿上多层厚实的
防寒装备，乘坐工作艇活动。

知识锦囊

融池是北冰洋海冰在极昼
时被太阳长时间照射后，
表面融化形成的小水池。
研究融池有助于了解北极
海冰快速变化的原理。

51

　　我还带着一个小任务：给我的女儿元宝拍摄北极熊的照片。

　　幸运的是，我们集体外出活动时远远地看到了几只北极熊。我立刻拿出随身携带的相机，调整相机的设置，用长焦镜头捕捉远处北极熊的身影。北极熊远看是一只大白熊，实则它的毛发是无色透明的空心管，只是因为阳光的折射才呈现白色。空心的毛发能够防水隔热，帮助它生活在寒冷的极地。透过镜头，我看到北极熊正带着熊

　　宝宝爬上山坡，准备抓海鸟、掏鸟蛋吃。成片的
海鸟被惊得飞起，在空中扑腾着翅膀，发出嘈杂
的鸣叫。我抓紧时机，拍到了许多生动的画面。

　　"给我看看！"同行的队员凑过来，翻看我
之前拍的北极熊冬眠、熊妈妈教熊宝宝捕食技巧
的精彩瞬间，直夸我摄影技术好。遇到北极熊的
机会难得，我举起相机再度对准了北极熊一家，
却见熊妈妈也望着我们的方向。

我心中一凛。北极熊看着十分可爱，实际上是非常危险的生物，因此我们必须警惕北极熊的袭击。北极熊不仅拥有与人类相当的视力和听力，还拥有比犬类还敏锐7倍的嗅觉，奔跑时最快速度能超过百米世界冠军。它们还有尖锐的牙齿和铁钩般的利爪，猎物一旦被逮住就很难逃脱！我立刻提醒大家做好应对准备！好在虚惊一场，北极熊妈妈带着宝宝吃饱后，优哉游哉地躺在地上休息了。

　　野外考察时，必须两人结伴并佩戴枪支出行。乘坐"雪龙"号开展冰站作业时，佩戴防熊枪的两名科考队员最先下船，分头走向站点区域的远端，时刻保持警戒。科考队员还会用起重机运来绿色的"苹果屋"，作为紧急避难所。这些都是为了保证生命安全。在科考站，我们可以进行射击训练，考取持枪证。我感觉自己很快就可以成为"神枪手"了。

踩着夏天的尾巴，科考站来了一群可爱的孩子。他们是来自上海的中学科考团。这群孩子们穿着厚重的冬装，兴奋地踏上这片神秘而寒冷的冰雪世界。我们热情地接待了他们，带他们一起升国旗，还给他们讲解有关极地的知识。小冒险家们的眼睛中充满好奇，欢笑声在北风中传递。而我，也不由得思念起家中可爱的女儿元宝。

　　听我讲完北极的往事，子航与毛超二人十分满足，打着哈欠睡去。我也有了困意。在日复一日坚持不懈的工作中，我们等待着南极极夜结束，等候着下一支越冬队到来。

乘"蛟龙"，游海底

4

12月9日，新的一支越冬队乘坐直升机来到中山站，和我们进行了交接仪式。完成任务后，我和子航、毛超也返回了学校，整理从南极带回的宝贵资料。

我终于见到了日思夜想的宝贝女儿元宝。每天晚上，我都会给她读一会儿睡前故事。但没想到，她现在最爱听的是儿童版《海底两万里》，除了地球的最南端和最北端，元宝对深海"第三极"着迷极了，时常眨巴着求知的眼睛问我，故事里那些凶险万分、跌宕起伏的海底历险是不是真的。

我笑着说："等我亲身体验后再告诉你吧！"

一年后，我接到了乘坐"蛟龙"号前往海底进行测绘的任务。"蛟龙"号是我国自主研制的深海装备，长8.2米，空气中重量不超过22吨。"蛟龙"号的目标是海平面下几千米的海洋深渊！

不过，这趟科考之旅可不能直接去，只有达到要求的人才能成为合格的**"深海乘客"**。

我与学生丁俊皓来到潜航员选拔培训基地，接受了"干货满满"的培训。我们在试验水池中进行了多次"水池操作演练"，逐步了解并掌握了潜水器的基本性能和作业规程。训练的重点是让我们能在突发情况下自己驾驶潜水器返航。当然，除了操作技能，良好的心理素质也是必不可少的"法宝"。

培训的间隙，我们能看见潜航员的选拔训练。对潜航员的要求可比对我们这些"乘客"的高多了。

每一名潜航员都要经过长时间的刻苦训练才能正式潜航，选拔难度堪比航天员！只有通过体能测试、知识测试、体格检查、"26个数字"测试、绳方测试、职业能力结构化面试、氧敏感测试、晕船测试、幽闭测试、综合审查等一系列考查，还有贯穿整个选拔过程的抗打击测试，才能成为一名潜航员。

知识锦囊

"26个数字"测试
考生按照顺序点击1—26。该测试考查重复性枯燥工作中保持思维敏捷、动作精细与准确度的能力。

绳方测试
考生被蒙住双眼，每10人一组，在最短时间内将地上的绳子摆成边长最长的正方形。考生通过语言沟通并用双手判断绳子的位置和长度。该测试考查考生的合作能力与心理素质。

幽闭测试
潜航员需要在密闭的载人舱中连续工作近10个小时，如果有幽闭恐惧症，可不能下潜啊。

完成"乘客"培训后，我们终于踏上了征程。首次深潜的人还会迎来"泼水礼"。同事为我俩分别准备了六大桶水，我们瞬间被浇成了"落汤鸡"。

"深海一号"

"蛟龙"号内部并没有生活设施，需要依靠母船运载和补给物资。我们乘坐母船"深海一号"，经过四天的航行，抵达马里亚纳海沟作业区。

知识锦囊

马里亚纳海沟是目前世界上已知的最深的海沟，位于西太平洋马里亚纳群岛以东。马里亚纳海沟走向呈弧形，全长约 2550 千米，最宽处约 70 千米，大部分地方的深度超过 8000 米。位于海沟南部的"挑战者深渊"是地球最深的地方，深度约为 11000 米。

下潜前一天，科考队员有条不紊地开展"蛟龙"号的测试和保养工作，确保万无一失。

我和俊皓也在为第二天的下潜做充分的准备。一个潜次就像一次短暂的旅行，虽然不必携带大量行李，但食物和衣服是必备品。食物主要以能快速补充能量的即食小食品为主。在几千米深的深海里，温度只有 2 ~ 3℃，我们还带上了保暖的衣服、毯子和"暖宝宝"。

在载人舱的狭小空间里，大小便问题确实十分棘手。大便只能回到母船解决，小便可以使用纸尿裤或储尿瓶救急。为了避免在下潜过程中上厕所，我和子航从前一天的午饭就开始减少食量，晚饭后就不怎么喝水了。无论是物资还是身心，我们都已准备就绪！

下潜当日，各岗位人员早已就位。早上七点，我和俊皓跟随潜航员邱淼，沿着梯子，通过直径约 50 厘米的舱口进入载人舱。

"蛟龙"号的载人舱是球形的，直径只有 2.1 米，里面可以容纳 3 个人。整个舱体内部和火车卧铺的空间差不多大。载人舱里并没有为潜航员设置座椅。舱内地板上有一个凹槽，主驾驶潜航员就坐在铺有地毯的地板上，将脚放在这个凹槽里。我和俊皓则席地而坐。

　　潜航员面前是"蛟龙"号的驾驶台，上

面有控制"蛟龙"号进退的方向杆，还有控制两只机械手的操控杆。主驾驶潜航员斜上方的面板上有密密麻麻的按钮，就像飞机驾驶舱里的面板一样；面板周围还有许多台显示器，正中间的一台显示着"蛟龙"号的综合数据参数，旁边几台显示着外部摄像头传回的实时画面。

我们身后有一个氧气瓶方阵，它是**"蛟龙"号"生命支持系统"**的重要组成部分。

"'蛟龙'号的外形像条龇牙咧嘴的大白鲨，实际上内部是个球啊！"俊皓感叹到。

没错，球形是载人舱的最佳形状。在海里，每下降 10 米，海水的压力就会增加 1 个标准大气压。球形可以很好地分散和抵消来自海水各个方向的压力，让各焊接处承受的压力最小。载人舱如果设计成其他形状，棱角处很容易出现裂缝，海水会像子弹一样射进舱内，危及舱内人员的生命安全。

忽然，我们感到一阵颠簸——"蛟龙"号落入海水中了！

在海面等待已久的蛙人驾驶着橡皮艇向"蛟龙"号靠近，替我们解开"蛟龙"号上的缆绳。

确认各项数据正常后，潜航员启动下潜开关。**下潜开始**！

在水中，下潜需要重力大于浮力，上浮则需要浮力大于重力。"蛟龙"号在水下排开水的体积是固定的，因此获得的浮力也是不变的，所以它的下潜和上浮都靠压载铁来改变整体的重力。

"蛟龙"号之所以能够不断下潜，正是因为有压载铁。压载铁是给"蛟龙"号增加重量的铁块。平日里，压载铁被整齐地堆放在母船的后甲板上。下潜的时候，压载铁就被挂在潜水器下腹部两侧的凹槽内。潜水器准备悬停或上浮时，潜航员就会适时抛掉一组压载铁。

　　压载铁的工作模式是通电吸附、断电抛载。如果遇到了"蛟龙"号没电的紧急情况，压载铁就会自动脱落，"蛟龙"号便会在浮力的作用下上浮。

　　"蛟龙"号缓缓下潜，深度仪上的示数逐渐升高。观察窗外，光线越来越暗；海水颜色逐渐加深，变成浓重的墨蓝色。虽然什么也看不见，但我们依然不敢开灯，毕竟我们也不想吸引大鲨鱼的目光。

水深 0 ～ 200 米：上层带，也叫光合作用层。这里光线充足、温度适宜，亿万种依赖阳光生存的微生物和藻类在这里生活。

水深 200 ～ 1000 米：中层带。海洋中层带只有极微弱的阳光，生活在这儿的动物体形普遍偏小，它们以上层带沉降下来的絮状有机物为食，有时也趁夜晚到上层带觅食。中层带偶尔也有大型海洋动物。

"那不是鮟鱇鱼嘛！"俊皓指着窗外一抹亮光，一条头上顶着"灯笼"的鮟鱇鱼张着大嘴朝我们游来。看来我们已经下潜到 3000 米深了，这个深度的海洋生物多半会发光。

叉齿鱼　　　　　鮟鱇鱼

水深 1000 ~ 4000 米：深层带。海洋深层带没有一丝阳光，只有一些鱼为吸引猎物而发出的光。这里食物匮乏，鱼的嘴都很大。

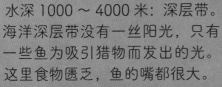

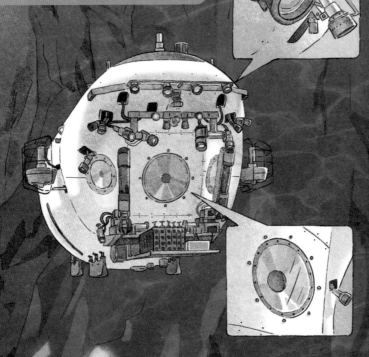

水深 4000 ~ 6000 米：深渊层。在深渊层，海洋生物的食物极度匮乏。"海雪"是从海洋上层带落下来的生物碎屑、粪便颗粒，以及死亡的浮游生物聚集而成的絮状物，是深渊层海洋生物的重要食物来源之一。

水深超过 6000 米：超深渊层。超深渊层位于海洋的最深处，一般是狭长的海沟。马里亚纳海沟最深处达11034 米，这里黑暗、寒冷，比沙漠还要荒芜，海水的压力非常大。

忽然，舱内有水珠滴落在我们的脸上。

"别担心，这是正常的冷凝现象！"潜航员笑道，"冷凝就是气体或者液体遇冷而迅速凝结的现象。"到了1000多米深的海中，海水温度明显降低，当舱内的水蒸气遇到冰冷的舱盖和舱壁时，便冷凝成水滴。虽然大部分水滴会顺着舱壁滑落到舱底，但总有一些直接滴落下来。

深度到达5500米时，仪表显示，此时海水温度为2℃，舱内温度为18℃。我们感觉有点儿冷，拿出暖宝宝贴上，又套上了保暖外套。

深度到达6000米时，"蛟龙"号外侧的灯全部打开了，**准备坐底**。距离目的地越来越近了，载人舱里弥漫着紧张又激动的气氛。

"深海一号，'蛟龙'号已下潜至最大深度，**7062米**！"潜航员向母船汇报。我们抵达了目的地！随后，我们立刻开始各自的工作。

邱淼手扶操纵杆，小心避开海底岩石，开始进行海底沉积物的采样工作；我控制高清摄像机手柄，开始近

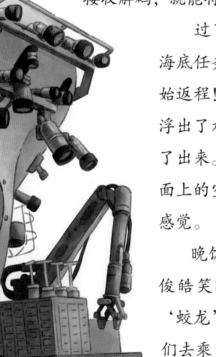

距离观察记录海底的视像资料。在对海底进行三维精确测绘时，我通过水声通信系统，将声波信号传送到海面的母船；母船接收解码，就能将其处理成文字和图片。

过了三个小时，我们结束了海底任务，"蛟龙"号抛载，开始返程！下午五点，"蛟龙"号浮出了水面。我们依次从里面钻了出来。我深深地呼吸了一口海面上的空气，有一种恍如隔世的感觉。

晚饭后，我们站在甲板上。俊皓笑眯眯地凑上来："老师，'蛟龙'号已经乘过了，下次咱们去乘'奋斗者'号吧！听说'奋斗者'号已经能潜入海底1万米。这可是我们了不起的新纪录！"

"瞧你这急不可耐的样子！"我打趣到。

俊皓"嘿嘿"一笑，挠了挠头。

我见过一望无际的大洋和巍峨壮观的冰川，见过一跃而起的鲸鱼和飞翔于天际的北极鸥，见过绚丽夺目的极光和幽暗神秘的深海……此刻，太阳的余晖在海面上铺成一条耀目的金色大道，我依旧为大自然的美丽而感动。

　　现在，人类对脚下四十六亿年的地球仍知之甚少。未来，还有更多奥秘等待人类去探索、发现与破解。